Abel Hernández-Muñoz

AVIÁRIOS, VOO DE FANTASIA

Abel Hernández-Muñoz

AVIÁRIOS, VOO DE FANTASIA

Iniciação ao interessante hobby da criação de aves ornamentais

SciénciaScripts

Imprint
Any brand names and product names mentioned in this book are subject to trademark, brand or patent protection and are trademarks or registered trademarks of their respective holders. The use of brand names, product names, common names, trade names, product descriptions etc. even without a particular marking in this work is in no way to be construed to mean that such names may be regarded as unrestricted in respect of trademark and brand protection legislation and could thus be used by anyone.

Cover image: www.ingimage.com

This book is a translation from the original published under ISBN 978-613-9-43721-4.

Publisher:
Sciencia Scripts
is a trademark of
Dodo Books Indian Ocean Ltd. and OmniScriptum S.R.L publishing group

120 High Road, East Finchley, London, N2 9ED, United Kingdom
Str. Armeneasca 28/1, office 1, Chisinau MD-2012, Republic of Moldova, Europe
Printed at: see last page
ISBN: 978-620-3-22150-3

ÍNDICE

INTRODUÇÃO

Um aviário é um local para apreciar belas criaturas de penas conhecidas como aves ornamentais, decorativas ou de fantasia. Mantê-las em condições óptimas é um dos divertimentos mais cativantes a que uma pessoa pode dedicar o seu tempo livre.

O aviário é recomendado para a maioria das espécies de aves ornamentais habitualmente mantidas em cativeiro. Os aviários permitem que as aves façam exercício em voo, o que é essencial para a saúde de muitas espécies.

Os aviários deveriam ser tão grandes quanto possível. Certifique-se de que não existem pontos fracos através dos quais as aves possam escapar ou, pelo contrário, outros indivíduos possam entrar.

Em muitos casos, o aviário pode ser colocado no exterior sem qualquer perigo para as aves, mas no inverno estas podem necessitar de proteção e calor adicionais.

O aviário deve ser composto por três partes:

- Um espaço vasto, aberto ao exterior, onde podem voar.
- Uma cabana onde se possam abrigar e onde possam alimentar-se e descansar (fixar vários ramos que sirvam de poleiros para o efeito).
- Um alpendre de segurança com duas portas para que possam entrar facilmente e impedir qualquer fuga.

Colocar a instalação num terreno plano e num local onde as aves possam estar o mais sossegadas possível. Certifique-se de que não há correntes de ar. Não instalar o aviário debaixo de árvores, pois os ramos podem danificar a estrutura da rede.

O AVIÁRIO

A localização do aviário é de importância vital. Não deve haver correntes de ar (correntes de ar). Deve ser protegido de mudanças bruscas de temperatura. As aves deveriam receber sol apenas algumas horas por dia. No inverno, há que ter especial cuidado, pois estas aves são tropicais e o frio é-lhes prejudicial.

Ao considerar a construção de um aviário para a criação de vários casais, este facto deve ser tido em conta:

Todo o recinto deve ser protegido com redes para que, em caso de fuga de uma ave da gaiola, o que acontece frequentemente, esta permaneça no interior do aviário e possa ser recuperada, evitando também a entrada de roedores e outros vectores transmissores de doenças.

Uma ave solta é por vezes difícil de apanhar no aviário, pelo que um jamo ou uma rede com bordos acolchoados ou um aspersor com água ajudam, pois se a ave for borrifada com água, o peso da pena dificulta o seu voo.

O aviário deve ter uma torneira (ou bacia) de água muito próxima do aviário, este requisito não deve ser ignorado, **caso contrário,** os incómodos serão tantos que a criação será abandonada ou será feito o investimento de transportar água para perto do aviário.

- **A importância do espaço vital.**

É necessário, quando se colocam várias aves na mesma gaiola, determinar se são compatíveis, sendo preferível colocar apenas uma espécie por gaiola, e determinar se há demasiadas aves no mesmo local, o que as pode tornar agressivas quando competem por alimentos e espaço. Algumas aves muito agressivas deveriam ser colocadas em gaiolas individuais, as aves adultas e juvenis não deveriam ser colocadas na mesma gaiola e deveria ser avaliada a possível rivalidade dos machos adultos na época de reprodução.

Saber que cada espécie de ave ornamental tem uma diferente amplitude de espaço vital e tolerância à invasão desse espaço por outras aves é essencial quando se trabalha na criação e comercialização das mesmas, se estas caraterísticas forem tidas em conta nas espécies que comercializamos, conseguiremos menores perdas económicas e o mais importante é que a saúde da ave será preservada. Também é muito comum que dentro de um grupo de aves exista a tendência de algumas arrancarem as penas das suas companheiras, seja para tentar utilizá-las como material de nidificação, para procurar nutrientes na eclosão das penas ou simplesmente para chamar a atenção para alguma coloração da base do canhão de penas. É muito comum nos canários de cor clara em muda que, ao verem o tom avermelhado da irrigação sanguínea da nova pena, a arranquem do companheiro, provocando hemorragias que mancham toda a plumagem deste último, o que desencadeia uma bicada de outras aves na pena manchada.

Noutras espécies, como os psitacídeos, há casos em que, por frustração e stress, a ave pode tentar destruir a plumagem de um companheiro de gaiola e mesmo autodestruir as suas próprias penas.

A GAIOLA

Nem sempre é possível ter um aviário. Nesse caso, escolha uma gaiola espaçosa para que as aves possam voar de poleiro em poleiro. No caso dos canários ou dos periquitos, uma gaiola de 60x65x30 cm é ideal para um par.

Certifique-se de que a porta fecha corretamente e que as normas de segurança são respeitadas.

Colocar a gaiola num móvel de modo a que fique ao nível dos olhos. Não a deixe ao sol ou num local com correntes de ar, demasiado perto de uma fonte de calor ou demasiado acessível a um gato ou outro animal de estimação.

- **Tamanho da gaiola.**

As dimensões adequadas das gaiolas para pássaros dependem, em grande medida, das espécies a colocar nas gaiolas e do número de animais dessas espécies, mas as dimensões podem ser altamente controversas, dependendo das necessidades reais de alojamento entre uma ave e outra, pelo que remeteremos para as diretrizes relativas às dimensões mínimas do regulamento europeu sobre as dimensões das gaiolas e para as diretrizes para as lojas de animais.

O espaço entre os arames ou a rede da gaiola deve impedir que as aves possam colocar a cabeça fora da gaiola, evitando assim acidentes devido ao facto de o bico da ave atingir locais nas imediações da gaiola ou ficar com a cabeça presa entre os arames.

As gaiolas devem ser feitas de materiais que não causem intoxicação às aves, evitando que sejam revestidas com tintas que contenham substâncias nocivas; deve verificar-se se não existem saliências, zonas cortantes ou fios com pontas que possam causar danos às aves; devem ser fáceis de limpar e ter portas seguras para evitar acidentes de fuga, especialmente quando são comercializadas espécies como os psitacídeos, que são peritos em abrir as portas das gaiolas graças à mobilidade dos seus bicos.

As gaiolas deveriam ser colocadas em pedestais, levantadas do chão em locais bem visíveis e, se possível, com parabenos entre uma coluna de gaiola e outra para evitar que as aves tendam a interagir de uma gaiola para outra.

No caso das aves de grande porte, estas devem ser alojadas em gaiolas que lhes permitam abrir as asas e efetuar um certo nível de exercício, sendo as dimensões destas gaiolas, no mínimo, três vezes a envergadura das asas, com um poleiro no centro que permita à ave bater as asas em determinadas alturas sem desgastar as suas penas por fricção contra a rede; Enquanto as aves mais pequenas, que são geralmente mais vivas e activas, necessitam de gaiolas maiores em relação ao seu tamanho corporal do que as aves maiores, por outras palavras, a relação entre o tamanho da gaiola e o tamanho da ave para estas aves na loja de animais proporciona mais espaço.

Perante a disparidade de critérios e conscientes da importância do espaço vital para as aves em cativeiro, foram elaborados regulamentos que estabelecem as dimensões das gaiolas e o número de aves por tipo nas lojas de animais, regulando mesmo o tipo de gaiola à venda para cada espécie que se pretende manter como animal de estimação.

Quando se colocam poleiros ou poleiros para pequenas aves nas gaiolas, estes devem ser colocados a uma distância segura dos cantos ou dos lados da gaiola para evitar que a ave se vire e esfregue a cauda nos arames, causando desgaste das penas.

No interior das gaiolas devem ser colocados comedouros de tamanho suficiente para que todas as aves possam ter acesso à comida e à água sem terem de lutar por um espaço em frente ao comedouro, para além de que a colocação de brinquedos no interior das gaiolas permitirá a distração da ave num ambiente tão confinado e a adaptação a esse apego que poderá depois ter quando for adquirida como animal de estimação.

Numa loja de animais de estimação, as aves criadas à mão devem ser separadas das aves criadas pelos pais, uma vez que as primeiras estão mais próximas dos seres humanos porque são criadas artificialmente e são menos susceptíveis de se defenderem contra a agressão das outras e requerem uma atenção especial.

HIGIENE

Geralmente, os tabuleiros são feitos de alumínio polido e brilhante, pelo que a limpeza deve ser efectuada de modo a manter sempre estas caraterísticas (alumínio polido e brilhante).

O chão de rede das gaiolas deveria estar livre de excrementos e o tabuleiro por baixo deveria ser limpo **<u>diariamente</u>**. O chão do aviário deveria ser varrido e, após a varredura, deveria ser deitado um balde de água nos aviários colocados em telhados ou ao ar livre, onde o ambiente aberto favorece a evaporação da água num curto espaço de tempo.

No caso dos **passeriformes**, devido ao seu bico fraco, pode ser utilizada madeira. A maioria dos reprodutores prepara o ninho da mesma forma que a fêmea e, quando o ninho utilizado fica muito sujo, é mudado, embora isso só aconteça uma vez ou, no máximo, duas vezes durante todo o período.

Os restos de comida deixados na gaiola podem apodrecer e tornar-se uma fonte de doenças graves.

Uma vez por ano fazer uma limpeza geral do aviário, fechando-o e desinfectando-o com formol durante 24 horas, embora não seja uma prática frequente, é recomendada em muitos textos sobre o tema dos aviários. Na realidade, parece que esta prática só é recomendada sob prescrição veterinária.

Ao limpar os tabuleiros das gaiolas, lembre-se que não basta limpá-los com uma espátula, mas sim com uma pequena esponja humedecida com água. Quando colocar o tabuleiro no lugar, certifique-se de que está completamente seco.

Embora não seja necessário fazê-lo sempre, deve limpar-se o tabuleiro e o chão da gaiola com água clorada ou formalinizada cerca de uma vez por mês ou sempre que se detectem sinais de diarreia.

CUIDADO

Procure sempre um parceiro, muitas espécies precisam de companhia para uma vida longa. Lembre-se sempre que estes preciosos animais <u>dependem de si.</u>

É preciso ser coerente com o tipo de alimento que se dá, pois as mudanças na alimentação alteram o metabolismo e a digestão.

Alimentar sempre à mesma hora e comprar os alimentos apenas nas lojas de rações. Estas aves são essencialmente granívoras de digestão contínua, pelo que as recomendações seguintes são adequadas.

Os cereais não devem faltar, recomenda-se que as aves tenham sempre comida ao seu alcance.

De alimentos perecíveis (que não se estragam) mais do que é consumido num dia. Os alimentos susceptíveis de se estragarem devem ser retirados diariamente e substituídos por alimentos frescos. Uma vez por semana, fornecer uma pequena peça de fruta fresca.

Coloque a gaiola num local fresco, luminoso e acolhedor, mas proteja-a das correntes de ar.

Mude a água todos os dias, pois muitos pássaros tendem a limpar os seus bicos na água e há também excrementos frequentes no bebedouro, o que cria um terreno fértil para germes de todos os tipos.

Ao limpar o bebedouro, não se esqueça de remover o lodo que se forma durante a noite nas paredes e no fundo do bebedouro.

Mantenha a gaiola e o tabuleiro limpos de restos de comida e de excrementos, que são locais de reprodução de sarna e de outras doenças das aves que, embora **não sejam** transmitidas aos seres humanos, serão muito prejudiciais para as suas aves.

AS CAGADAS

Um aviário deve ter vários tipos diferentes de gaiolas, consoante as caraterísticas e as necessidades: gaiolas de reprodução, de voo, de reserva, de transporte, de amamentação e de quarentena.

GAIOLAS DE REPRODUÇÃO

Estas gaiolas são utilizadas para a reprodução; nos passeriformes, podem ser utilizados elementos de madeira.

GAIOLAS DE VOO OU GAIOLAS.

Devem ser muito maiores, especialmente em altura, onde colocaremos os pintos depois de se tornarem independentes e até estarem prontos para a reprodução, e onde darão a força necessária às suas asas através do voo livre.

Deve ter-se especial cuidado com a sobrelotação, que resulta numa verdadeira tortura para as aves cuja caraterística é defender o seu território. As lutas e a morte serão frequentes se não respeitarmos o espaço vital de que necessitam. Nestas gaiolas os poleiros (poleiros) devem ser colocados nas extremidades, para que não impeçam o voo livre através da gaiola, e devem ser de diâmetros diferentes para que a ave possa exercitar-se com os dedos dos pés, por exemplo usar 1 cm de diâmetro nalgumas gaiolas e 2 cm noutras. Se possível, dispor de duas gaiolas de voo, uma para cada sexo.

DIMENSÕES DAS GAIOLAS DE REPRODUÇÃO E DAS GAIOLAS DE VOO

Caraterísticas em centímetros	Dimensão útil nos Passeriformes reprodutores	Dimensões da gaiola utilizável
Profundidade	25	60
Altura	30	90
Longo	40	150

Caraterísticas em centímetros	Dimensão útil na criação Psitacídeos	Dimensões da gaiola utilizável
Profundidade	25	60
Altura	40	90
Longo	60	150

Nas gaiolas, a altura é particularmente importante, pois estas aves preferem as alturas, uma vez que passam 90% do seu tempo no topo da gaiola, descendo normalmente apenas para comer.

Isto pode ser conseguido pendurando adicionalmente a gaiola o mais alto possível, estas gaiolas devem ter pelo menos 80 a 90 cm de altura.

Se está a pensar em reproduzir e criar, deve considerar reservar uma sala ou espaço fechado e coberto para o aviário.

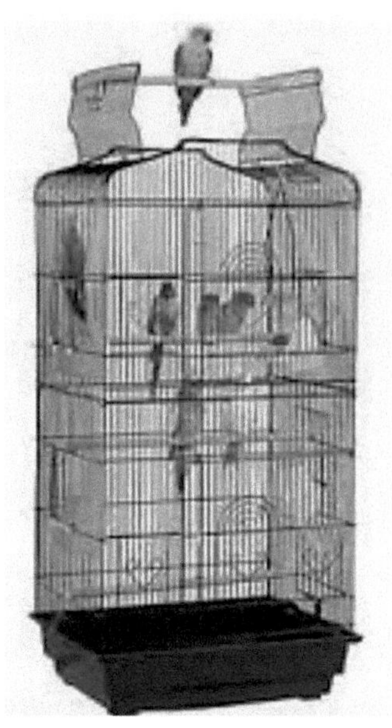

CÁPSULAS DE RESERVA

Se tiver um aviário com vários pares, deve ter algumas gaiolas de reserva para utilizar em caso de necessidade, normalmente um par de gaiolas.

GAIOLAS DE TRANSPORTE.

Estas gaiolas são utilizadas para deslocar as aves para outro local.

Por exemplo, para os levar ao veterinário. Estas gaiolas devem ser pequenas, completamente cobertas em três lados para que a ave não veja para fora e não se assuste durante a viagem, o quarto lado pode ser de rede para garantir a ventilação.

GAIOLAS DE ENFERMAGEM

Uma das gaiolas deveria ser reservada para este efeito, se possível fora do aviário, a fim de não contaminar o resto do aviário.

A barra de suporte deve ser baixa.

GAIOLAS DE QUARENTENA.

Após uma doença contagiosa ou quando uma nova ave chega da rua, deve ser mantida em quarentena fora do aviário como medida de segurança, observando-a durante pelo menos 40 dias antes de ser colocada no aviário.

Observações.

As gaiolas devem ser bem fechadas, pois os pássaros, que são muito engenhosos e persistentes, acabam por escapar se estivermos demasiado confiantes. Alguns criadores utilizam um pregador de roupa como medida de segurança.

Os suportes do tabuleiro são tradicionais, mas pode modificá-los (utilizando um alicate ou uma pinça como ferramenta) e adaptá-los de modo a que, se precisar de colocar veneno para ratos no tabuleiro, o veneno não seja atingido pelo bico das suas aves.

Isto só é necessário quando os roedores são abundantes.

NINHO

Nos **psitacídeos**, as partes do ninho são: o orifício de entrada e de saída, o poleiro que sustenta a ave, a janela de inspeção e os orifícios de ventilação.

A colocação do ninho depende da disposição das gaiolas e estas podem ser colocadas em bloco, em paralelo ou intercaladas.

Bloqueado. Uma gaiola ao lado da outra separada por um ou dois centímetros e, neste caso, o ninho é colocado na parte da frente, no lado oposto à porta de entrada da gaiola.

Em paralelo. As gaiolas são colocadas aos pares, com um ou dois centímetros de distância, mas os ninhos são colocados à direita e à esquerda de cada gaiola.

Como se pode observar facilmente, a colocação em bloco utiliza muito melhor o espaço disponível, mas a colocação em paralelo oferece uma maior beleza estética quando existe espaço suficiente.

Entrelaçamento. Outra forma de colocação é com os ninhos ensanduichados entre as duas gaiolas, onde os pares não vêem os seus vizinhos, o que, segundo alguns, evita esmagamentos indesejados.

Para os **passeriformes**, as dimensões dos ninhos situam-se entre 12

cm de altura, 12 cm de comprimento e 8 cm de largura. São feitos de rede de arame, madeira, plástico ou metal e são <u>geralmente colocados no interior da gaiola</u>.

O material para formar o ninho é o fio de juta (saco de juta) previamente fervido, estes fios devem ser cortados entre 8 a 12 cm. de comprimento e colocados nos lados da gaiola onde a fêmea os pode apanhar com o bico e começar a construir o ninho. Quando o ninho estiver pronto, coloca-se um pedaço de algodão no ninho para o rematar.

É útil ter sempre um ninho "pronto a usar" feito pelo criador, semelhante ao que a mãe fez, para que quando precisarmos de higienizar um, basta retirá-lo e colocar o que temos pronto no seu lugar.

Os criadores que preferem utilizar o ninho fora da gaiola fazem-no geralmente com os ninhos ensanduichados entre as duas gaiolas, onde os casais não vêem os seus vizinhos, segundo alguns, para evitar esmagamentos indesejáveis.

ALIMENTOS

Antes de mais, gostaria de começar por recordar que as aves que temos **dependem inteiramente de nós e** que é um verdadeiro crime negligenciá-las. Não têm qualquer hipótese de assegurar o seu alimento e não o têm porque o perderam através de centenas de gerações de criação adotiva. Somos inteiramente responsáveis por isso, não se esqueçam, só amando-as e cuidando delas é que podemos justificar moralmente a sua manutenção.

Embora estas aves sejam capazes de comer uma grande variedade de alimentos, nunca devemos esquecer que são essencialmente granívoras.

As aves são animais de digestão contínua e o fornecimento de alimentos deve ter este facto em consideração. O jejum pode causar graves perturbações digestivas e, naturalmente, um fraco desenvolvimento estrutural.

A alimentação deve ser fornecida diariamente, tendo o cuidado de deitar fora a palha, que é o que resta da refeição anterior. Este aspeto é essencial, pois já aconteceu que os principiantes pensassem que havia comida *onde só havia palha* e os pássaros morressem à fome, pois muitas espécies não desenterram a comida e as cascas cobrem as sementes que estão por baixo. Geralmente, ao soprar, a palha voa e é removida.

Ferplast Comedero Marrón para Canarios y Pájaros Exóticos

REGIME TEMPORAL

Um horário dietético aconselhável seria:

Manhã cedo..A suavidade

Meio-dia .... Legumes, frutas e verduras

À tarde .... Todos os cereais

A água é também um elemento indispensável, e deve ser mudada diariamente, garantimos-lhe que a quantidade de microrganismos que contém após 24 horas é abundante. Limpar bem o limo que se cola às paredes do recipiente.

Para o criador, as misturas vendidas em estabelecimentos especializados são suficientes e devem ser sempre utilizadas. Comprar alimentos para as suas aves a revendedores sem escrúpulos é um erro que não deve cometer, pois estes, na ânsia de obter lucro, preparam misturas extremamente baratas que não satisfazem os requisitos necessários.

Trixie Comedero de Acero Inoxidable con Gancho para Pájaros

COMPONENTES

Vejamos agora os componentes necessários da dieta: *proteínas, lípidos, hidratos de carbono, vitaminas e minerais.*

Como viu, não diferem em nada dos componentes da dieta de qualquer ser vivo, pelo que não vamos explicar cada um deles, mas pode encontrá-los em qualquer texto de nutrição.

Existem vários legumes (cozidos, mas não temperados) que estas aves comem sem dificuldade, embora não seja prática comum utilizá-los no nosso meio. E as que os utilizam são alimentadas a meio do dia.

Quanto aos frutos, conseguem comer muitos, outros não são do seu agrado, mas tudo parece indicar que isso tem muito a ver com aquilo a que os habituámos.

De qualquer forma, recomenda-se o uso de legumes, frutas e folhas verdes como complemento da dieta, mas sempre lembrando que essas aves são essencialmente granívoras e que os grãos devem ser sempre a base fundamental de sua alimentação.

Mas não te esqueças que não é só de grãos que vive a ave.

A beldroega, a giesta e o alecrim são folhas verdes que elas comem com grande prazer, é uma crença generalizada que a giesta tem efeitos antiparasitários para estas aves, a verdade é que a giesta quando introduzida na água antes de as alimentar, elas esfregam-se nela, molhando a sua plumagem com grande prazer, e comem as pequenas flores com grande prazer.

ÁGUA

A água deve ser fornecida diariamente, tendo o cuidado de não a clorar em excesso. Muitos criadores dissolvem vitaminas e medicamentos na água, mas é preciso ter cuidado com a concentração, uma vez que estes apenas consomem uma pequena parte de toda a água que fornecemos (mudar a água diariamente).

Voltrega Bebedero para Pajarera 430

Arquivet Bebedero Pajaros

BLANDO

O principal objetivo da ração macia é fornecer proteínas de origem animal e garantir que estas não se deterioram durante o dia nas nossas condições climáticas. *Deve ser dada de manhã cedo.*

Preparação:

Uma parte de ovo cozido e moído

Duas partes de pão ralado ou de trigo e milho peneirados

O ovo mole é fornecido num recipiente separado do feijão (alguns fornecem apenas o ovo).

PREPARAÇÃO DE OVOS

Cozinhe-os durante 15 minutos e triture o ovo cozido <u>com a casca e tudo </u>num moedor de carne (a casca é rica em cálcio). Os seguintes aditivos podem ser adicionados ao ovo triturado:

Vitaminas, uma pequena porção de um comprimido esmagado num pó

fino. Medicamentos, se prescritos pelo veterinário.

Suplementos nutricionais, por exemplo, Spirulina.

O ovo moído desaparece rapidamente do poço quando colocamos a ração, pois é normalmente a primeira coisa que comem, o que garante que as vitaminas e os medicamentos que adicionamos não são desperdiçados.

NA ALIMENTAÇÃO QUE DEVEMOS EVITAR

Fornecer leite, de facto não são poucos os columbófilos que cometem este erro pensando que o leite é um excelente alimento, mas esquecem-se que as aves <u>não são mamíferos </u>e que filogeneticamente não têm o aparelho digestivo preparado para a sua adequada assimilação (não possuem a enzima lactose, que os mamíferos têm para degradar os açúcares presentes no leite).

As aves, tal como todos os animais, adquirem reflexos condicionados, especialmente os associados à alimentação, e quando mantemos o mesmo horário de alimentação, estão mais bem preparadas para o seu usufruto e assimilação.

Mudanças bruscas na dieta podem levar a perturbações digestivas e à muda, por isso, se quiser introduzir um novo tipo de alimento, deve fazê-lo de forma gradual e progressiva.

RECOMENDADO PARA INTRODUZIR NA DIETA

Em primeiro lugar, as vitaminas, que podem ser adicionadas à água ou ao leite mole.

O ovo cozido e moído deve ser alimentado com a maior frequência possível, pois é uma fonte de proteínas muito adequada para as nossas aves, apenas

cuidado para não exagerar, um ovo pode ser suficiente para dividir por 4 ou 6 casais. Os ovos devem ser dados diariamente em grandes quantidades às aves reprodutoras e em muda, duas vezes por semana é suficiente para as restantes, pois os excessos provocam fígado gordo, gordura, etc.

PARA A PREPARAÇÃO DE ALIMENTOS

Ao moer os grãos, produz-se uma quantidade considerável de pó de grãos, que pode ser prejudicial para as vias respiratórias, daí a necessidade de peneirar o material moído. <u>O pó obtido pode ser utilizado no fabrico de</u>

Para todas as espécies, esta etapa é obrigatória, desde que o trigo e o milho moído sejam fornecidos.

O trigo e o milho moído são misturados na seguinte proporção: 3 de trigo e 1 de milho.

PARA PASSAGEIROS

Nestas espécies, há que ter em conta o tamanho e a forma do bico, devendo o tamanho do grão situar-se entre 2 e 4 mm de comprimento e um milímetro e meio de largura. Os grãos de milho, trigo, etc. devem, portanto, ser moídos com as dimensões acima referidas e peneirados para os separar do pó.

A chamada "fancy mix" contém todos os grãos de que os passeriformes necessitam para uma alimentação adequada, que, **juntamente com os alimentos macios** (já descritos), completam a dieta destas aves.

Entre os frutos frescos, as sementes de tomate são muito populares entre eles, bem como pequenos pedaços de laranja, melão, etc.

Na proporção de sementes, **as sementes de canário devem representar cerca de 40%.**

CARACTERÍSTICAS DE ALGUNS CEREAIS

Sementes de aves. É um grão com um sabor agradável para todas as aves de capoeira, com um teor de proteínas de cerca de 13%.

Aveia. Tem um elevado teor de fibras (10%) e é palatável para as aves de capoeira, mas devido ao seu elevado teor de fibras deve ser fornecida moderadamente, aproximadamente 5-10% da alimentação total.

Millo. O seu valor proteico é de cerca de 11%.

Milho. Tem um elevado teor de hidratos de carbono, o que o torna uma excelente fonte de energia.

Fruta-pão. O teor de proteínas atinge por vezes 13%, mas é deficiente em triptofano, um aminoácido essencial.

Trigo. O seu valor proteico situa-se entre 10 e 15 % e é um dos melhores cereais para as aves de capoeira.

Sementes de soja. É rica em óleos e proteínas (34 a 40 %) e tem um valor biológico muito elevado.

BANHO

A higiene é essencial para assegurar a boa saúde das aves ornamentais e o banho é crucial para atingir o objetivo de criar aves saudáveis e bonitas. Existem vários tipos de banhos que se adaptam melhor a certas espécies, quer em termos de tamanho quer de comportamento higiénico.

<h1 style="text-align:center">REPRODUÇÃO
PARES OU COLÓNIAS.</h1>

Uma das primeiras questões que um criador se coloca é se deve colocar as suas aves aos pares ou em colónia.

Ambas as possibilidades têm vantagens e desvantagens, pelo que tentaremos analisá-las separadamente.

COLÓNIA, VANTAGENS E DESVANTAGENS

A criação de colónias tem as seguintes vantagens:

As aves estão em liberdade quase total e oferecem uma beleza própria, podendo também ser adornadas com ambientes naturais que realçam a sua beleza.

Reduz o trabalho a efetuar e o tempo que temos de investir.

Os pares formam-se mais rapidamente, pois cada ave escolhe livremente o seu par, o que é uma vantagem, mas tem a desvantagem de não podermos controlar a descendência que vai nascer, pois não haverá uma **seleção** genética controlada.

As desvantagens são:

As doenças podem facilmente propagar-se por toda a colónia. Há um

aumento das bicadas.

As crias podem ser atacadas por outros membros da colónia.

REPRODUÇÃO DE PARES

Requerem mais trabalho e tempo.

Os casais demoram mais tempo a começar a pôr ovos.

Mas é possível controlar quem faz parte do casal e, por conseguinte, a descendência que será produzida.

SELECÇÃO DE PARCEIROS

Embora uma fêmea e um macho da mesma espécie acabem por se reproduzir e, por conseguinte, a cor e as caraterísticas não sejam determinantes para o seu acasalamento, o facto é que o acasalamento aleatório, sem ter em conta determinados critérios, conduz, a longo prazo, ao enfraquecimento do património genético do nosso aviário, pelo que alguns conceitos gerais devem ser tidos em conta nessa altura.

O espécime "selvagem" está ontogeneticamente e filogeneticamente associado aos genes com maior potencial, uma vez que estes foram fixados pela seleção natural. Nos indivíduos homozigóticos, a descendência é mais controlável.

No acasalamento de mutantes, introduzir o "selvagem" pelo menos na terceira geração, o que dará resistência, força física e genética à descendência.

Esperar até ao ano de idade para acasalar, embora se saiba que algumas espécies acasalam um pouco mais cedo (após os 8 meses).

REESTRUTURAÇÃO E SUBSTITUIÇÃO DE PARCEIROS

Por vezes há a necessidade ou a conveniência de desfazer um casal porque ao fim de vários meses não se reproduzem, outras vezes acontece que um casal antigo que já teve várias ninhadas passa meses e não volta a reproduzir-se. Acontece também que se quer acasalar um determinado exemplar com outro exemplar e os únicos exemplares que se tem estão acasalados. Deve separar os machos e colocá-los em gaiolas individuais num local fora do aviário onde não possam ver ou ouvir os seus antigos companheiros durante pelo menos 20 dias. Só então poderá formar os novos pares desejados e ficará na mesma situação se um dos membros do par morrer ou fugir.

Este procedimento é altamente recomendado para muitas espécies, caso contrário é bem possível que ocorra a morte de um espécime se este for introduzido na gaiola com um companheiro não habituado sem o procedimento correto.

Geralmente, a duração da vida reprodutiva com boa produtividade é de 3 anos, pelo que é necessário substituir os pares tendo em conta este aspeto.

Introduzir primeiro o macho na gaiola de reprodução e mantê-lo sozinho na gaiola durante pelo menos 15 dias antes de formar um par. Após 15 dias, introduzir a fêmea.

Por vezes, acontece que a fêmea que escolhemos não estimula o macho que não lhe presta atenção ou, por vezes, até a ataca. Se isto acontecer, mude de fêmea.

Mas o que acontece normalmente é que o ritual de cortejo começa muito rapidamente, assim que introduzimos a fêmea na gaiola.

No ritual, o macho agita as penas da cabeça ao aproximar-se da fêmea, emitindo um som particular de arrulho, e começa a alimentá-la por regurgitação, enquanto a fêmea começa a preparar o ninho. Esta descrição, embora clássica, não é exacta para todas as espécies, que podem variar consoante os casos, mas, em geral, o ritual resume-se à ação do macho para agradar à fêmea e para que esta permita o acasalamento.

O acasalamento ocorre geralmente entre o oitavo e o décimo dia após a formação do casal.

SEXUALIDADE E DIMORFISMO SEXUAL

Em algumas espécies, os machos podem ser diferenciados das fêmeas em função de certas caraterísticas facilmente observáveis.

Por exemplo, o periquito macho adulto é identificável pela cor azul da zona cerosa no topo do bico, enquanto na fêmea a cor varia entre o branco e o carmelita.

Em alguns canários, bem como em algumas aves exóticas, também se observa dimorfismo sexual, como se verá nos capítulos correspondentes.

SEXUALIDADE ADIMÓRFICA

Em Roseicollis, Personatas, Fisheris e outras espécies não existe dimorfismo sexual; pelo contrário, a fêmea e o macho têm praticamente as mesmas caraterísticas morfológicas.

Os criadores experientes colocam o dedo no orifício pélvico, uma vez que este é maior na fêmea, mas mesmo estes cometem frequentemente erros.

Os ossos pélvicos da fêmea são flexíveis e os do macho não o são. O melhor a fazer é levá-los ao veterinário para que o sexo possa ser determinado com absoluta certeza através de uma laparo-endoscopia.

CÓPIA

Existem de facto algumas condições que, na natureza, determinam quando estas aves iniciam o ciclo de reprodução.

- Que encontrem facilmente alimentos.
- Que o tempo seja favorável.
- Que os dias sejam mais longos.

Estas condições aparecem na <u>primavera/verão</u> em muitos países, mas em Cuba as nossas aves reproduzem-se praticamente durante todo o ano. Embora o pico de reprodução seja de setembro a março.

Por conseguinte, há que ter em conta dois factores:
Alimentação e luz. Já falámos da alimentação no capítulo anterior.

No que diz respeito à luz, instale uma ou duas lâmpadas frias e desligue-as **rigorosamente** às 22 horas, elas alimentarão as suas crias até essa hora, ao desligar a luz espere alguns segundos e volte a ligá-la segundos mais tarde, elas aprenderão rapidamente a encontrar o buraco do ninho ao primeiro aviso e retirar-se-ão alegremente para descansar, este processo de prolongamento da luz permite aumentar o fotoperíodo.

FINANCIAMENTO

Há uma série de factores que podem influenciar a fertilização:

Idade dos pais: os machos não devem ter menos de 10 meses e as fêmeas não devem ter menos de 12 meses.

Os poleiros dos psitacídeos devem ser bem fixos, pois o seu movimento pode dificultar o acasalamento, dando origem a ovos estéreis.

A alimentação deve ser óptima. Têm de ser saudáveis.

O período de iluminação deve ser suficiente.

POSTURA, INCUBAÇÃO E ECLOSÃO.

Nos Passeriformes e Psitacídeos, cerca de 15 dias após a fecundação, os ovos começam a ser postos e, uma vez posto o primeiro ovo, a fêmea continua a pôr até um total de 6 a 8 ovos.

Durante este período, a fêmea não deve ser perturbada nem deve limpar a gaiola, pois qualquer manipulação pode assustá-la e ela deixará de pôr os ovos ou começará a pô-los fora do ninho.

Algumas fêmeas iniciam a incubação após a postura do primeiro ovo, mas outras iniciam-na após o segundo ou terceiro ovo.

Nos **passeriformes**, a eclosão do primeiro ovo ocorre cerca de 15 dias após o início da incubação e continua diariamente até ao fim da incubação.

Nos **psitacídeos**, o primeiro ovo eclode 18 a 21 dias após o início da incubação, que continua de dois em dois dias até ao fim. Durante este período, a fêmea permanecerá quase sempre no ninho e o macho encarregar-se-á de a alimentar.

A eclosão dos ovos ocorre normalmente todos os dias ou de dois em dois dias, consoante a espécie: Geralmente não é necessário abrir a porta do ninho para saber que as crias eclodiram, uma vez que o chilrear das crias é caraterístico, no entanto é necessário fazê-lo para verificar se não houve nenhuma morte, o que é frequente especialmente quando a mãe é uma ave de primeira viagem e isso obriga-nos a retirar a cria morta do ninho, bem como para verificar o tamanho das crias, uma vez que entre o 5° e o 7° dia teremos de começar a anilhagem, que como é compreensível será feita diariamente ou de dois em dois dias, dependendo da espécie.

As cascas dos ovos chocados devem ser retiradas do ninho, pois podem afetar os novos ocupantes de diferentes formas.

TRANSPORTE DE OVOS

O pastoreio consiste em transferir um ovo de um casal para o ninho de outro (ama de leite) para que este último o incube e o crie, a fim de salvar um ovo valioso no caso de a mãe biológica não o poder fazer por qualquer razão.

Geralmente, a fêmea põe o ovo depois de ter posto o segundo ou terceiro ovo; antes dessa data, um ovo frio não significa necessariamente que não seja viável.

Por outro lado, um ovo incubado pode não ser fecundado, pelo que a temperatura do ovo tem um valor relativo.

Um ovo fertilizado <u>após 3 dias de incubação</u> apresenta uma rede de artérias e veias observável através da luz solar ou de uma lâmpada ou, pelo menos, é escuro ou preto no interior e a superfície da casca muda para uma superfície lisa.

A mãe deve ser uma mãe com experiência comprovada como criadora.

Deve-se ter em conta o número de ovos que a ama de leite tem de tratar, de forma a que o número de ovos não ultrapasse os 4.

Os ovos podem ser recolhidos 5 dias antes ou 5 dias depois do início da postura da barragem.

Nos **Passeriformes**, são os **<u>pardais japoneses</u>** que utilizamos como enfermeiras húmidas.

DESENVOLVIMENTO DA CRIAÇÃO

Nos Passeriformes, a eclosão é diária, enquanto nos Psitacídeos é de dois em dois dias.

Quando nascem, as aves são desprovidas de penas e de cor rosada, têm o bico grande em relação ao tamanho total e os olhos fechados.

Com cerca de 5 a 7 dias, devem ser colocadas faixas, mesmo que não tenham aberto os olhos, o que acontece por volta do 9º dia.

A aplicação de faixas é muito útil e é obrigatória em determinadas circunstâncias.

Durante todo o tempo, a mãe alimenta-os por regurgitação e eles permanecem encolhidos uns em cima dos outros para se aquecerem.

A ave recém-nascida ganhará peso rapidamente. Até cerca do 23º dia, quando atinge o seu peso máximo, é lógico compreender que não deve ser separada do progenitor antes dessa data, uma vez que o progenitor continuará a alimentá-la adicionalmente.

A primeira coisa que fazem é espreitar para fora do buraco do ninho, depois os pais alimentam-no quando ele põe a cabeça fora do buraco e, em muitos casos, a mãe atrasa a alimentação para o encorajar a sair do ninho.

Os pais esfomeados fazem-no finalmente sair do ninho e dar os seus primeiros passeios.

Por vezes, o pinto não consegue regressar sozinho ao ninho, pelo que é aconselhável voltar a colocá-lo cuidadosamente no ninho durante a tarde.

Quando **os PASERIFORMES** se reproduzem num ninho aberto, as suas caraterísticas são diferentes

ANELADO

A aplicação de faixas é obrigatória nas seguintes circunstâncias.

Para participar em concursos, para comercialização e para estabelecer o controlo genético e veterinário do aviário.

A faixa define inequivocamente a ave particular com o seu próprio número, bem como o criador que a obteve e o ano de nascimento.

Este procedimento é indispensável, mesmo para saber a que casal de pais pertence.

Entre 5 e 7 dias após a eclosão, devemos anilhá-los, mesmo antes de abrirem os olhos, o que acontece por volta do nono dia. Para os principiantes, esta operação é a mais difícil de todo o processo de criação, o medo de os danificar com o manuseamento é inevitável durante algum tempo. Pegar neles, segurá-los na mão e manuseá-los cria, no início, uma verdadeira ansiedade em muitos criadores, mas só com a prática é que o criador principiante a ultrapassa.

O sistema seguinte aparece na literatura internacional.

Pegar no pombo na palma da mão, segurar a cabeça entre os dedos indicador e médio, com o dedo grande e anelar segurar a pata de forma a que os 3 dedos maiores sejam enfaixados primeiro e depois a faixa seja passada para o quarto dedo mais pequeno, recomendando-se que a enfaixe de manhã cedo, quando o pombo ainda não se alimentou.

INDEPENDÊNCIA

Os pintos recebem alimentos da boca dos pais mesmo quando são capazes de comer sozinhos. É por isso que não é aconselhável afastá-los demasiado cedo, pois desenvolvem-se melhor na sua companhia e, se forem desmamados demasiado cedo, comerão menos do que o necessário e não crescerão ao ritmo normal. Só quando os pais perseguem as crias porque querem voltar a fazer o ninho é que é necessário retirá-las da gaiola com urgência.

Durante a independência, devem ser tomadas as seguintes precauções

- Nunca se torne independente durante a tarde.
- Em vez disso, dê-lhe água limpa e comida de manhã cedo e, quando vir que já comeu, leve-o para fora.
- Coloque água e comida na nova gaiola.
- Não colocar os pintos diretamente numa gaiola muito grande.
- Colocá-lo numa gaiola semelhante àquela em que estava.
- Só depois de uma semana é que ele é transferido para a gaiola de voo.
- Um bom procedimento consiste em colocar os pintos desmamados juntos nessa gaiola e transferi-los todos juntos para a gaiola.

CARTÕES GENEALÓGICOS.

Estes cartões permitem o controlo de muitos dos factores de grande importância na criação de aves de capoeira, tais como

Cor, número de anel, fórmula genética e caraterísticas de portador do pai, da mãe e dos avós, bem como a data de nascimento de cada um dos descendentes.

Exemplo: Gaiola n.º. 23

	Feminino		Masculino	
Cor				
Anel				
Transporta dora				
	Pai da mulher	Mãe da mulher	Pai do homem	Mãe do homem
Cor				
Anel				
Transporta dora				
1 Liquidação	2 Liquidação	3 Definição	4 Definição	5 Definição
Data e número do anel	Data e número do anel	Data e número do anel	Data e número do anel	Data e número do anel

OS PSITACÍDEOS

Os psitacídeos caracterizam-se por quatro dedos, dois para a frente e dois para trás, e os seus bicos são curvos e fortes.

CLASSIFICAÇÃO

PERIQUITES	ROSEICOLLIS	PESCADORES
Ondulado	Série Verde	Série verde
Opalinos	Lutinos	Série azul
Amarelos de olhos negros	Amarelo australiano	Lutinos e albinos
Brancos de olhos pretos	Amarelo americano	Diluído
Lutinos	Amarelo japonês	Arlequins
Albinos	Dorados	canela
Flavos	Cereja dourada	Prata
Arlequins	Pardos	dourado
Lantejoulas	Da série azul	**PERSONATAS**
Asas de renda	Azul	Séries verde e azul
Corpo transparente	Cereja Prateada	Diluído
Saddleback	Prata	Arlequins
Moñudos	Albinos	Canelas
	Creminos	Albinos e lutinos
	Pardos	Ouro e prata
	Arlequins	**NINFAS OU CAROLINAS**
	Canelas	Cinzento
	Máscara branca	Objectivos
	Máscara laranja	Canelas
	Violetas	Arlequim canela e cinzento
	Bolos	Pérola

VARIEDADES DE PERIQUITOS

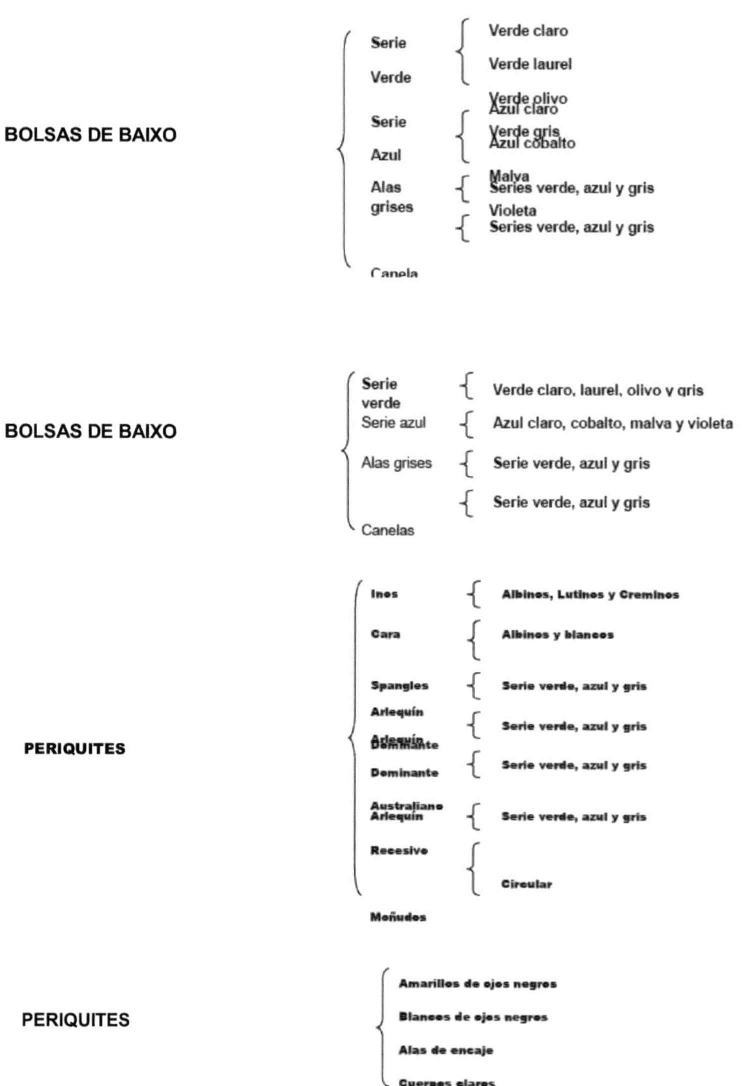

PERIQUITES

Os periquitos originários da Austrália foram descobertos em 1789.

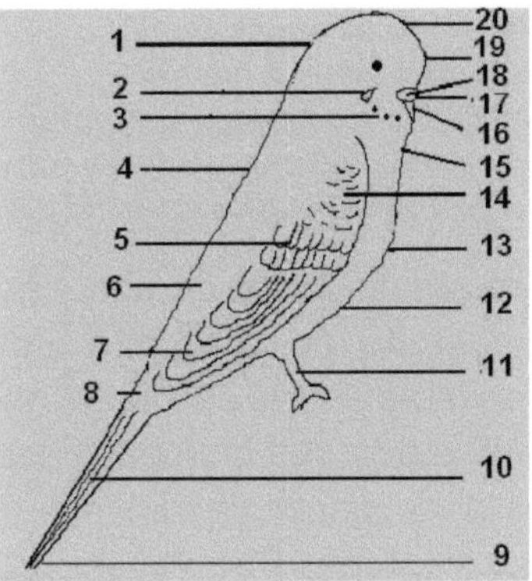

1. nuca, 2. bigode, 3. pérolas, 4. dorso, 5. remiges secundárias, 6. alcatra, 7. remiges primárias, 8. coberturas caudais, 9. retratos, 10. lemes, 11. patas, 12. abdómen, 13. peito14. coberturas das asas, 15. pescoço, 16. bico, 17. cera, 18. narina, 19. testa, 20 coroa.

COR NO PERIQUITO

Em alguns textos aparece:

- **O verde domina todas as outras cores.**
- **O amarelo predomina sobre o branco.**
- **O azul predomina sobre o amarelo e o branco**
- **O cinzento e o violeta predominam sobre o azul, o amarelo e o branco.**
- **Existe uma codominância entre o cinzento e o verde.**

Na realidade, embora alguns falem de dominância, **o que realmente acontece** aqui **é um efeito de ausência e/ou de presença,** além disso os genes que determinam as cores não estão ligados, pois estão localizados em pares de cromossomas diferentes, mas em rigor, quando se trata de cores ligadas ao sexo, então há genes ligados e também no caso dos lipocromos e do fator de escuridão, como estão no mesmo par de cromossomas, a fórmula 2 elevado a "n" não se cumpre, pois não se distribuem ao acaso como consequência da gametogénese.

TONS DE COR

Coloração.

1- O fator negro.

2- Cinzento dominante australiano.

3- Violeta.

O FACTOR ESCURO.

Normalmente, as caraterísticas recessivas precisam de estar presentes na forma homozigótica para serem expressas fenotipicamente, uma vez que na forma heterozigótica são transportadas. No entanto, na hereditariedade intermédia, a heterozigotia é expressa fenotipicamente, embora com menor intensidade, um exemplo disto é o fator de escuridão.

Já vimos a génese do aparecimento das cores: branco, amarelo, azul e verde, (Página: 3) mas isso não explica a existência das <u>tonalidades</u> dentro destas cores pois, como sabemos, elas existem dentro da série verde:

Verde azeitona, verde louro e verde claro. Nos amarelos encontramos:

Amarelos claros, amarelos médios e amarelos escuros
Para além da série azul, existem também:

Os azuis claros, os azuis cobalto e os azuis malva

Estas três gradações diferenciam-se pela sua maior ou menor escuridão e devem-se a um gene chamado dark, um gene mutante que apareceu entre 1915 e 1920 e que sobrepõe a sua ação pigmentante ao gene normal.

Se tivermos em conta que o gene escuro pode atuar em doses simples ou duplas, é fácil compreender o esquema seguinte:

Cor verde sem gene escuro............ Verde claro Cor verde com um gene escuro...... Verde louro Cor verde com dois genes escuros...

Verde azeitona Da mesma forma, na série azul, vemos:

Cor azul sem gene escuro.   Azul claro Cor azul com um gene escuro...... Azul cobalto Cor azul com dois genes escuros. . .

Azul malva **O FACTOR CINZA**

O fator cinzento mascara as outras cores, dando na série verde um <u>tom azeitona baço, baço </u>(cuja intensidade varia em função da quantidade de fator escuro que a ave possui, razão pela qual os não treinados, por exemplo, pensam que têm um verde azeitona e na realidade estão a olhar para um verde cinzento). Na série azul, conduz a um tom <u>cinzento claro. </u>Este fator actua de forma semelhante em todas as outras variedades.

O FACTOR VIOLETA

O fator violeta altera a intensidade da cor na série azul de tal forma que o azul claro com fator violeta parece cobalto. Quando o cobalto e o violeta são combinados, o resultado é uma bela cor violeta,

Alguns autores referem que o fator violeta só aparece

fenotipicamente quando um exemplar possui, para além do fator azul, o fator escuro e o fator violeta simples ou duplo. Embora possa parecer estranho, é possível ter séries inteiras de aves verdes com o fator violeta, sendo então conhecidas como verde violeta.

PERIQUITOS ONDULADOS.

Os periquitos ondulados têm a base da cabeça, a nuca e o pescoço com ondulações pretas sobre um fundo verde, a máscara é amarela com três manchas pretas distribuídas simetricamente de cada lado. O periquito ondulado verde é aquele que existe em forma livre na natureza e que identificamos como **"selvagem"**. Dentro da série verde, encontramos o **verde claro, o verde louro e o verde azeitona**, mas existem também outras mutações como o cinzento, o verde cinzento e o violeta. E na série azul, podem aparecer o azul claro, o cobalto e o azul escuro, ondulado com asas cinzentas ou canela.

ONDULADO SÉRIE VERDE

Já vimos que dentro da série verde existem três gradações de cor. Entre elas, o verde louro é a mais interessante do ponto de vista reprodutivo, pois o acoplamento de dois verdes louros oferece-nos uma ninhada onde podemos encontrar: **verde claro, verde louro e verde azeitona**. A diferença entre o verde azeitona e o verde cinzento é que <u>no verde cinzento os bigodes são de cor cinzenta</u> e à medida que o cinzento se infiltra no verde esbate o brilho, assemelhando-se à cor azeitona. No verde azeitona, os bigodes são violetas.

A forma recessiva do verde claro é o amarelo, onde aparecem três gradações.

Caraterísticas: Máscara: amarela

Moles: três de cada lado do rufo, de cor preta, distribuídas simetricamente e com o tamanho aproximado do olho.

Bigodes: violeta e Olhos: escuros com íris visível.

A cor de base, consoante o caso, pode ser verde-claro, verde-louro ou verde-azeitona. Distribui-se de forma pura e uniforme no peito e no ventre, cobrindo o pescoço, o dorso, o obispilar e as asas, servindo de base de apoio ao desenho melânico.

Melaninas: pretas (eumelanina) distribuídas na cabeça, no pescoço e nas asas.

Camisolas: preto esverdeado. Leme: azul escuro e patas: cinzento azulado.

CORRUGADO SÉRIE AZUL

Também neste caso, o mais interessante é acoplar um azul cobalto com outro azul cobalto onde obteremos na ninhada tanto azul claro, como azul cobalto e malva, embora como no caso anterior, em proporções diferentes.

A forma recessiva do azul é o branco. Caraterísticas: Máscara:

branca

A cor de base pode ser azul claro, azul-cobalto ou malva, consoante

o caso T-shirts: preto azulado

As restantes caraterísticas correspondem à descrição anterior.

CINZENTO ONDULADO E VIOLETA

Ambos os factores são dominantes, pelo que não podemos assumir que um exemplar que não seja cinzento ou violeta possa ser portador desta caraterística.

No que diz respeito ao fator violeta, existe apenas um grupo muito específico, "as violetas cobalto", que apresentam claramente um tom violeta na sua plumagem; todos os outros espécimes apresentam variações na sua coloração, mas não aparecem nesta cor aos nossos olhos.

A forma manifesta da cor violeta ocorre quando o fator azul, o fator violeta simples ou duplo e o fator escuro simples ou duplo coincidem no mesmo espécime.

Fator de escuridão simples = cobalto = violeta visível Fator de escuridão duplo = malva = violeta não visível

ONDULAÇÕES DE ASA CINZENTA

Podem aparecer em todas as tonalidades: verde, verde-cinzento, cinzento e azul.

Nestes casos, a cor de base é diluída pela influência do cinzento, distribuindo-se pelo pescoço, peito, ventre, dorso, obispilho e asas, servindo de base para suportar o desenho melânico que será cinzento claro.

ASAS DE CANELA ONDULADAS

Podem aparecer em todas as tonalidades: verde, verde-cinzento, cinzento e azul.

Nestes casos, a cor de base é diluída pela influência da canela (feomelanina) e distribui-se pelo pescoço, peito, ventre, dorso, obispilo e asas, servindo de base de apoio ao desenho melânico que será cor de canela.

PERIQUITOS OPALINOS

As opalinas, as penas das asas são da mesma cor que o corpo, as penas das remiges são escuras <u>com bordos mais largos do que nas penas onduladas</u> e podem ser esverdeadas ou azuis consoante a série.

SÉRIE VERDE E AZUL OPALINA

Os opalinos têm a base da cabeça, a nuca e o pescoço sem

ondulações. As penas das asas são da mesma cor que as do corpo.

As penas onduladas são escuras com bordos esverdeados ou azuis, consoante a série, e mais largas do que as penas onduladas.

Nas suas asas existe uma interrupção de 1 a 2 cm. de cor amarela ou branca, consoante a série cromática, que normalmente se designa por **"escudo opalino"**. Outra caraterística distintiva do opalino é o facto de marcar as suas melaninas à altura dos ombros**, definindo um "v" perfeito** que o distingue.

A máscara tem a forma de um capuz, o mais limpo possível de

melanina, que se estende sobre a cabeça, a nuca, os ombros e o pescoço.

A melanina distribui-se uniformemente nas asas **em forma de lágrimas**. Podem aparecer em todas as tonalidades: verde, verde-cinzento, cinzento e azul.

ASAS CINZENTAS OPALINAS

Nestes casos, a cor é diluída pela influência do cinzento, distribui-se no dorso marcando um obispillo em "v" e na parte inferior do rufo até à parte de trás das pernas.

A melanina cinzenta está uniformemente distribuída nas asas sob a forma de gotas de lágrima.

Podem aparecer em todas as tonalidades, Verde, Verde Cinzento, Cinzento e Azul.

ASAS DE OPALINA COM CANELA

Nestes casos a cor de base dilui-se por influência do canela marcando um "v", obispillo e a parte inferior do rufo até à parte posterior das patas, com melaninas canela e remiges, combinação que aparece por cruzamento em certos acasalamentos de exemplares canela e opala, que são duas mutações recessivas ligadas ao sexo que viajam no mesmo cromossoma.

Podem aparecer em todas as tonalidades, Verde, Verde Cinzento, Cinzento e Azul.

AMARELO E BRANCO COM OLHOS PRETOS

Nos amarelos, a cor é amarela em todo o corpo, exceto nos lemes, que são brancos e amarelos.

A máscara é amarela ou branca, consoante o caso. Não têm

manchas.

Bigodes brancos.

Os olhos são pretos, sem íris visível.

Nos brancos, a cor é branca em todo o corpo, aparecendo algum amarelo nas partes inferiores. Pernas e cera cor-de-rosa: lilás nos machos.

INO FACTOR, LUTINOS

Máscara amarela, igual à do corpo inteiro

Podem ou não ter toupeiras; se as tiverem, são de cor cinzenta muito

clara Bigodes brancos

Cor amarela em todo o corpo, com exceção das partes inferiores e do leme, que são brancas**; a cera nasal é cor de malva rosada nos machos.**

As patas são cor de carne ou cor-de-rosa. Os olhos são vermelhos.

FACTOR INO, ALBINOS

Máscara branca, igual à do corpo inteiro.

Não têm toupeiras nem bigodes brancos bem marcados.

Todo o corpo é branco, **a cera nasal é rosa malva nos machos**. As

patas são cor de carne ou cor-de-rosa e os olhos são vermelhos.

FLAVOS

Máscara amarela para as séries verde, verde-cinzenta e máscara branca para as séries azul e cinzenta.

Olhos vermelhos e bigodes violetas diluídos.

O resto das caraterísticas, como manchas, remiges e lemes, variam para um canela mais claro, quase acastanhado.

ARLEQUINS.

O fator arlequim tem a caraterística de não permitir que a melanina se manifeste em certas zonas do corpo. Basicamente na zona ventral, na parte de trás da cabeça, nas penas primárias das asas e nas penas do leme da cauda.

Existem três variedades de arlequins: australiano dominante, holandês dominante e dinamarquês recessivo.

ARLEQUIM DOMINANTE AUSTRALIANO.

Apresentam uma faixa de cor que divide a cor de base em duas partes.

Apresentam uma mancha na cabeça, uma cor clara no dorso e no leme e uma faixa bem definida na parte central do peito, amarela ou branca consoante a série, que divide o ventre em duas partes.

Os seus bigodes são violetas. E as suas pernas são escuras.

Os espécimes de muito boa qualidade mostram o conjunto completo de pérolas na garganta, bem como as orelhas impecavelmente desenhadas.

Podem aparecer em todas as séries: verde, verde-cinzento, azul e cinzento.

A diferença entre as duas séries verdes é que, no verde cinzento, os bigodes são cinzentos e, à medida que o cinzento se infiltra no verde, atenua o brilho.

ARLEQUIM HOLANDÊS OU CONTINENTAL

Distingue-se por uma mancha clara (aureola) na parte superior da nuca, amarela ou branca consoante a série de cores a que pertence, e pelo tom claro da garupa e do leme. Com bigodes brancos e patas cor-de-rosa.

O corpo divide-se mais ou menos ao meio em verde e amarelo ou azul e branco, consoante a série verde ou azul.

ARLEQUIM DINAMARQUÊS RECESSIVO

Têm uma máscara amarela ou branca e bigodes numa combinação de violeta e branco ou cinzento e branco, consoante a série a que pertencem.

Olhos pretos sem bordos brancos (**sem íris visível**), uma

caraterística fundamental. Nesta variedade, a cera do macho é cor-de-rosa e a da fêmea é castanha.

Para melhorar as suas marcas técnicas, um portador ondulado de primeira geração deve ser cruzado com um dinamarquês manifesto recessivo.

Observou-se que os portadores da primeira geração, obtidos por cruzamento de arlequim com uma ondulada, deram melhores resultados do que os portadores de muitas gerações de cruzamentos com arlequins.

MÁSCARA AMARELA

A máscara amarela tem dois mutantes, I e II, que veremos mais tarde.

É habitual juntar periquitos de cara amarela com periquitos de cara ondulada da série azul, porque na série azul a máscara amarela faz um belo contraste.

Um belíssimo exemplar O ANTIGAMENTE CHAMADO RAINBOW não é mais do que um opalino, azul, asas cinzentas, máscara amarela.

Todos os periquitos da série verde podem **potencialmente** ter cara amarela, mas como seria de esperar pelo seu aspeto exterior, não diferem muito dos periquitos verdes normais.

Embora nos verdes portadores, o amarelo torna-se mais intenso na máscara.

Combinação de variedades:

Máscara azul amarela Spangle.

AGAPORNIS ROSEICOLLIS

Seguem-se algumas descrições que podem ser úteis, mas que não constituem normas técnicas e não podem ser interpretadas como tal. Têm por objetivo fornecer ao principiante informações gerais para a identificação e classificação das diferentes variedades.

DESCRIÇÕES SÉRIE VERDE

Os roseicollis da série verde podem ser de três tipos: verde claro, verde louro e verde azeitona.

O cruzamento de dois verdes loureiros tem a particularidade de permitir obter as três tonalidades de verde: claro, loureiro e azeitona.

SÉRIE AZUL

Nesta série, encontraremos também três tons de azul claro, azul-cobalto e malva.

Aqui devemos salientar que o azul malva será, de facto, mais cinzento do que o malva. Isto é claramente visível quando acasalamos dois azuis cobalto e na descendência obtemos azuis claros, azuis cobalto e malvas, o que torna claro que o malva é a tonalidade que responde à posse de dois factores escuros na linha azul.

VIOLETA

Esta mutação é dominante e pode ocorrer em fator simples ou duplo.

Reflecte a cor de comprimento de onda mais curto disponível, que é adicionalmente influenciada pelos factores de escuridão que lhe podem ser adicionados.

Neste caso, é importante distinguir o espécime com duplo fator violeta do espécime violeta com duplo fator escuro, o que não é a mesma coisa.

Trata-se de uma mutação recente

O acasalamento com a série verde não é recomendado.

AGAPORNIS PERSONATA

Vivem na Tanzânia e têm um anel perioftálmico.

Não têm dimorfismo sexual, pelo que ambos os sexos são iguais, com uma máscara preta a cobrir-lhes a cabeça.

A garganta e o peito são amarelos e o resto do corpo é verde, a garupa é azul.

Os ninhos devem ser um pouco maiores do que os utilizados para outras espécies.

É aconselhável criá-los aos pares, embora alguns tenham utilizado o sistema de colónias.

Entre suas variedades temos: Azul claro, cobalto, malva, verde claro, louro, oliva, diluídos, lutinos, arlequins, albinos, dourados e prateados.

AGAPORNIS FISHERI

É uma das três espécies mais populares atualmente. Vivem na Tanzânia e nidificam em colónias na natureza, reproduzindo-se muito bem em cativeiro, especialmente em colónias, o que é lógico tendo em conta os seus hábitos naturais. Transportam material de nidificação nos seus bicos. Não existe dimorfismo sexual. A testa é laranja-avermelhada, assim como as bochechas e a garganta. O pescoço é amarelo, a nuca é verde-azeitona, a garupa é azul brilhante e têm um anel perioftálmico.

Entre as suas variedades temos: Arlequins das séries verde e azul, Canelas, Pratas, Diluídos. Lutinos, Albinos e Dorados.

TARANTASS OU POMBINHO DE ASA PRETA

Vivem na Etiópia. É fácil distinguir a fêmea do macho, pois o macho é verde com uma risca vermelha na testa que se estende até formar um círculo à volta do olho, o que não acontece na fêmea (dimorfismo sexual). As patas do macho são pretas, enquanto que na fêmea são pretas acastanhadas. O bico é vermelho em ambos.

POMBINHO DE CABEÇA CINZENTA

Vivem em Madagáscar e é um dos mais pequenos, com 13 cm. É sexualmente dimórfica.

No macho, a cabeça, o pescoço e a parte superior do tórax são cinzentos claros, mas na fêmea estas partes são amareloesverdeadas claras.

Na natureza, vivem em grandes grupos mas não nidificam em colónias. A reprodução apresenta sérias dificuldades.

AGAPORNIS SWINDERNIANA DE PESCOÇO PRETO

(Conhecido como Swindern)

Vivem na África Central e passam a maior parte do tempo no cimo das árvores, o que torna difícil a sua observação. É a única espécie que possui um bico preto com uma faixa preta na parte de trás do pescoço e uma faixa amarelo-acastanhada imediatamente abaixo. Tanto quanto sabemos, não existem exemplares em cativeiro.

AGAPORNIS PULLARIA OU POMBINHO-DE-FACES-VERMELHAS

O macho tem a face vermelha que se estende desde a testa e passa pelo centro do olho até à parte da frente do pescoço, o bico também é vermelho, a fêmea tem as mesmas caraterísticas mas é mais alaranjada do que vermelha e confunde-se com uma plumagem quase amarelada, a cor sob as coberturas das asas é verde em vez de preta como no macho. É uma ave muito tímida e muito difícil de reproduzir em cativeiro, pois constrói o seu ninho em montes de terra onde cava uma espécie de toca onde deposita os ovos.

AGAPORNIS NIGRIGENIS OU POMBINHO DE BOCHECHAS PRETAS

Vivem na região sub-central de África, a cor da cabeça é castanha com bochechas e rosto pretos, mas a parte superior do peito é vermelho-alaranjada, tem um anel perioftálmico e não tem dimorfismo sexual, a garupa é verde.

Paradoxalmente, apesar de se reproduzirem facilmente na tutela, esta espécie está ameaçada de extinção. No passado, eram importados em grande número, mas os cruzamentos indesejáveis tornaram difícil encontrar exemplares puros devido à erosão genética.

AGAPORNIS LILIANAE

Vivem na Zâmbia, Tanzânia e Moçambique, têm um bico vermelho, a coroa e a testa são cor de laranja que gradualmente se desvanece para vermelho-salmão à volta da garganta e das bochechas, a sua semelhança com o fisheris é grande, mas o fisheris tem penas azuis na parte superior da cauda, enquanto a garupa do Lilianae é verde. A mutação lutino do Lilianae tem uma cabeça vermelha enquanto o corpo é amarelo brilhante com remiges brancos. Como não são muito agressivos, tem sido possível criá-los em colónias, embora muitos aconselhem a sua criação aos pares.

CACATILLOS

Entre os Cacatillos encontraremos:

cinzento	Cremino
cinzento pérola	asa de renda
cinzento arlequim	pardino
cinzento pérola arlequim	cinzento pastel
cinzento com máscara branca	arlequim cinzento pastel
cinzento pérola com máscara branca	cinzento-pérola pastel
arlequim cinzento com máscara branca	arlequim pérola cinzento pastel
arlequim cinzento pérola máscara cinzenta pérola máscara branca	máscara cinzenta pastel branca
albino	arlequim máscara cinzenta branco pastel
lutino	máscara cinzento pérola branco pastel
pérola lutino	arlequim cinzento pérola máscara branca pastel
amarelo	pastel de canela
canela	arlequim canela pastel
canela pérola	bolo de pérolas de canela
arlequim canela	arlequim canela pérola pastel
arlequim pérola canela	máscara pastel branco canela
máscara branca canela	máscara arlequim canela branco pastel
máscara branca pérola de canela	máscara pastel branco pérola canela
arlequim canela com máscara branca	arlequim canela pérola máscara branco bolo
máscara cinnamon pearl harlequin branco	flavo de prata
prata	oliveira
arlequim prateado	lado pastel
prata com máscara branca	branco com olhos pretos

PASSAGEIROS

É oportuno saber que todas as espécies: Canários, Pardal Japonês, Pardal de Java, Diamante de Gould, Diamante Mandarim, Diamante de Cauda Longa e Pardal são Passeriformes que têm quatro dedos, três deles virados para a frente e apenas um para trás, enquanto os seus bicos são rectos, geralmente curtos e sem grande força.

Para além dos lipocromos e das melaninas, os carotenos podem também desempenhar um papel na cor dos passeriformes, que são constituídos principalmente por hidratos de carbono.

CLASSIFICAÇÃO DOS CANÁRIOS

NOS CANÁRIOS DE COR DE ACORDO COM AS SUAS CARACTERÍSTICAS MELÂNICAS

Lipocrómica	
	Melânicos
Branco	**Preto**
	castanho, canela e ágata
Branco dominante	**Isabelinos**
Amarelo	**Bolos**
Vermelho	**Asas cinzentas**
Vermelho marfim	**Opalinos**
Albinos	**Satine e Eumo**
Lutinos e Rubinos	**Ônix e Topázio**

HISTÓRIA

As Canárias tomaram o nome das ilhas onde foram descobertas, as "Ilhas Canárias", e, segundo documentos ingleses do século XVI, foi a Rainha Isabel I, em 1580, que iniciou a reprodução a partir de um par que recebeu de presente e que conseguiu reproduzir com grande cuidado e atenção, tornando-se, com o tempo, um presente real que a soberana oferecia aos seus nobres como sinal de especial deferência.

Outros documentos indicam que a criação teve início em alguns mosteiros espanhóis, onde os monges, incentivados pelo elevado preço a que podiam ser vendidos, se especializaram nesta atividade, mas apenas comercializavam os machos, mantendo as fêmeas na sua posse para monopolizar o comércio, embora seja certo que a rainha Isabel conseguiu obter um casal com o qual começou a reproduzir-se.

Mas foi só em 1670 que a mutação para a tão apreciada cor amarela ocorreu e rapidamente se espalhou para os outros continentes. Em breve

surgiram novas mutações e existem atualmente mais de 400 variedades cromáticas.

A COR DA PLUMAGEM

LIPOCROMOS E MELANINAS

A cor da plumagem dos canários é determinada por factores químicos, físicos e biológicos. Os factores químicos dependem de estruturas bioquímicas denominadas pigmentos. Em geral, os pigmentos podem ser de dois tipos

DESCRIÇÃO

Estas descrições não constituem normas técnicas e não podem ser interpretadas como tal, destinando-se apenas a facilitar a identificação das diferentes variedades pelo principiante.

CANÁRIOS LIPOCRÓMICOS

CANÁRIO BRANCO

Aqui a sedimentação de todos os pigmentos é totalmente impedida, dando a estes canários uma cor branca clara, sem vestígios de amarelo.

(Inibição total do lipocromo) CANÁRIO BRANCO DOMINANTE

Nestes espécimes, a sedimentação de todos os pigmentos da sua plumagem é parcialmente impedida, pelo que o seu aspeto é branco, restando apenas vestígios de amarelo nas espáduas, ombros e garupa.

(Inibição parcial da deposição de lipocromos na plumagem).

CANÁRIO AMARELO

A sua cor é uniformemente amarela.

O amarelo-limão é preferível ao amarelo dourado; o laranja não é aceite. VERMELHO CANÁRIO

Surge da hibridação com o Cardenalito venezuelano, do qual herda a capacidade de assimilar pigmentos vermelhos, dando uma coloração vermelha brilhante e uniforme.

MARFIM VERMELHO CANÁRIO

Quando afetado pela mutação do marfim, que suaviza e atenua a sua cor, adquire uma tonalidade rosada.

MARFIM AMARELO CANÁRIO

Apresenta uma cor amarelo-palha clara, devido à influência da mutação do marfim.

CANÁRIOS LIPOCRÓMICOS DE OLHOS VERMELHOS

Todos os canários lipocrómicos "podem" ter a particularidade de ter olhos vermelhos que podem ser devidos a duas mutações diferentes. INO E SATINE.

Os olhos vermelhos do satiné são preferidos nos concursos.

CANÁRIOS MELÂNICOS

PRETO MARROM

Tem as três melaninas oxidadas.

A estrutura melânica deve ser completamente negra, o padrão dorsal deve ser largo, forte, contínuo e sem zonas diluídas.

A eumelanina negra está oxidada ao máximo, atingindo o bordo das barbatanas e lemes. Pernas, dedos dos pés, unhas e bico completamente negros.

Dependendo do lipocromo, tem nomes diferentes para definir melhor a variedade, <u>por isso, quando o fundo é..:</u>

<u>Branco dominante</u>, chamamos-lhe: azul dominante É o preto acastanhado com um fundo branco dominante, oferecendo um tom cinzento chumbo.

<u>Branco recessivo ou simplesmente "branco"</u>, (nós chamamos-lhe:

azul). É o preto castanho com fundo branco recessivo, com ausência total do lipocromo, oferecendo uma tonalidade semelhante ao prateado.

Amarelo, (nós chamamos-lhe: Verde, É o preto castanho com o fundo amarelo que nos dá o exemplar a que chamamos verde devido à sobreposição do amarelo. A cor verde deve ser bem visível no peito, no ventre e entre o padrão melânico.

Vermelho, (nós chamamos-lhe: Cobre). É o preto acastanhado sobre um fundo vermelho que nos faz apreciar uma cor semelhante ao cobre, as suas cores devem ser uniformes, brilhantes e harmoniosas, sem apresentar zonas de tonalidade diferente.

Ivory Yellow, (nós chamamos-lhe: Ivory Green). É o preto acastanhado com fundo amarelo e a mutação marfim adicionada, oferece um tom verde claro luminoso, harmónico e suave.

Vermelho marfim, (nós chamamos-lhe: cobre marfi) I. É o preto acastanhado com um fundo vermelho e a mutação marfim adicionada, dando uma coloração rosa escuro brilhante.

CANÁRIO CANÁRIO

Trata-se de uma mutação recessiva ligada ao sexo que actuou sobre a eumelanina negra, transformando-a em eumelanina castanha.

Tem o mesmo padrão melânico que o preto acastanhado, mas com uma cor acastanhada.

A eumelanina castanha e a feomelanina são oxidadas, mas a eumelanina preta é reduzida a castanho. Dependendo do fundo, aparecem:

Amarelo canela, uma cor ocre muito quente de grande beleza devido

à sua suavidade. Vermelho canela, dá um tom vermelho escuro ao

olhar.

A canela branca é a prata dominante com ausência parcial do lipocromo, a distribuição dispersa de eumelanina castanha deve cobri-la completamente, a prata recessiva é semelhante à anterior mas a ausência do lipocromo é total e por isso não apresenta qualquer tipo de incrustação.

<u>Canela marfim</u>, a sobreposição da eumelanina castanha dispersa sobre o amarelo diluído pelo efeito do fator marfim dá-nos uma tonalidade muito mais clara do que a canela amarela, resultando numa plumagem mais sedosa, macia, arbustiva e compacta.

<u>A canela vermelha marfim</u> é semelhante à canela vermelha mas, devido à ação do marfim, tem uma cor de fundo muito mais clara e rosada.

É um dos canários mais robustos e fáceis de criar.

Altamente recomendado para os principiantes que estão a dar os primeiros passos na criação. É considerada a primeira mutação do canário verde original ou selvagem.

CANÁRIOS DE ÁGATA CANÁRIO

Trata-se de uma mutação recessiva ligada ao sexo que produz uma redução melânica denominada diluição e cujo nome se deve à sua cor semelhante à da ágata. É o preto acastanhado diluído. As três melaninas são diluídas.

É a forma diluída do verde, ou seja, é um verde diluído.

A mutação conhecida como Ágata afecta a eumelanina negra no sentido de a concentrar no centro da pena, deixando os bordos quase totalmente despigmentados e a feomelanina reduzida ao máximo.

A pelagem da ágata tem a forma de traços curtos e estreitos. As sobrancelhas são quase nitidamente lipocromáticas e os bigodes são muito marcados e perfeitamente contrastados, as melaninas da cabeça são perfeitamente estriadas e marcadas, os bigodes sobressaem nitidamente.

Todo o padrão melânico deve ser cinzento-escuro, quase preto, começando atrás do bico. O bordo das penas é cinzento-pérola.

Uma boa ágata deve estar completamente isenta de Feomelanina.

Consoante o fundo, aparecem: ágata amarela, vermelha, branca, marfim e vermelho marfim. CANÁRIOS ISABELA

É o produto da interação entre a mutação que transforma a eumelanina negra em castanha e a diluição existente na ágata. É a forma diluída da canela, ou seja, é simplesmente uma canela diluída. Estes exemplares surgiram por "crossingover" entre a canela e a ágata. Apresenta feomelanina reduzida.

O bico, as patas, os dedos e as unhas devem ser cor de carne.

CANÁRIO EUMO

A mutação Eumo é autossómica recessiva, centraliza e reduz as melaninas tanto longitudinalmente como transversalmente.

Estes espécimes têm um padrão estriado e o espaço entre as estrias é luminoso, a melanina encontra-se na haste das penas.

Apresentam uma ausência quase total de feomelanina com um padrão melânico centralizado.

Têm olhos vermelhos.

As patas, as unhas e o bico são de cor clara.

Aparência: Eumo Castanho Preto, Eumo Ágata, Eumo Canela, Eumo Isabela. CANÁRIOS DE OPALA

Trata-se de uma mutação autossómica recessiva que actua sobre as melaninas reduzindo-as e invertendo-as, produzindo nos negros acastanhados, nas ágatas e nos castanhos um aspeto cinzento azulado semelhante ao da pedra opala que lhe dá o nome.

Esta mutação transforma a eumelanina negra numa tonalidade cinzento-azulada, bem definida nos exemplares das séries Brown Black e Agate e com menor definição nos Canelas e Isabelas. Como a Opala é uma mutação que afecta principalmente a estrutura da pena, as partes córneas de cada tipo permanecerão idênticas às dos respectivos tipos clássicos.

Eles aparecem:

Opala castanho preto. Opala canela.

Opala Ágata. Opala Isabela.

CANÁRIOS INOS OU FEOS

Chamamos "FEOS" aos canários melânicos afectados pela mutação autossómica recessiva "INO" que inibe as duas Eumelaninas, a inibição da eumelanina negra, inclui as do bico e das patas, bem como dos olhos, mas respeita a feomelanina, dando-lhe uma maior carga melânica.

Estes exemplares apresentam dimorfismo sexual, pelo que o macho se distingue perfeitamente da fêmea, que apresenta uma maior quantidade de Feomelaninas. Para além disso, o macho possui uma máscara facial. O bico e as patas são cor de carne, embora existam variações consoante o tipo. Mas os olhos são vermelhos. Aspeto: Rubi ferrugíneo (Rubino Canela Preta e Rubino Canela) e rubi diluído (Rubino Ágata e Rubino Isabela).

De acordo com o fundo: (Vermelho = Rubino Feio) (Amarelo = Lutino Feio) (Branco = Albino Feio dominante) (Marfim Lutino = Marfim Lutino Feio) = (Albino Feio. Branco).

CANÁRIOS EM TONS PASTEL

Trata-se de uma mutação recessiva ligada ao sexo que reduz quase totalmente as feomelaninas, respeitando a eumelanina negra.

Os efeitos da mutação PASTEL podem ser definidos como uma redução da feomelanina, uma diluição da eumelanina preta e uma dispersão da eumelanina castanha.

O preto castanho pastel deve ter um padrão melânico mais diluído do que os pretos castanhos clássicos e a sua tonalidade muda de preto para acinzentado.

Canela Pastel, a ação da mutação pastel no canário canela clássico resulta numa redução acentuada da estrutura feomelânica e na dispersão da eumelanina, de modo que o padrão eumelânico é consideravelmente reduzido em tamanho. O aspeto geral é castanho escuro com um ligeiro padrão no dorso, na cabeça e nos flancos.

Ágata Pastel: quando a mutação pastel aparece num canário Ágata, a fraca estrutura feomelânica deste último é sensivelmente reduzida pelo fator pastel até quase desaparecer em alguns exemplares, que são considerados óptimos.

A Isabela pastel, a redução da estrutura feomelânica e a dispersão total do padrão eumelânico, tudo isto devido à influência da mutação pastel, faz com que a Isabela pastel não tenha qualquer padrão dorsal, nem na cabeça nem nos flancos, ficando ambas as estruturas melânicas amalgamadas, apenas com um manto castanho claro à sua volta.

CANÁRIO DE SATINA

Trata-se de uma mutação recessiva ligada ao sexo que elimina totalmente a eumelanina e a feomelanina pretas, respeitando a eumelanina castanha, com olhos vermelhos. O seu padrão melânico é idêntico ao da Isabella, mas sem vestígios de feomelanina, de modo que entre as lacunas do padrão existe um lipocromo de fundo completamente limpo.

Consoante o fundo, aparecem: Amarelo acetinado, vermelho, branco, marfim e vermelho marfim.

TOPAZ CANÁRIO

É uma mutação autossómica recessiva nas melaninas e codominante em relação à mutação Rubino. Caracteriza-se pela concentração de melaninas à volta do centro medular das penas e a luminosidade do lipocromo de fundo que aparece deve-se à ausência de Feomelaninas.

Esta mutação reduz a eumelanina e a feomelanina pretas e actua também no bico, nas patas e nas unhas, dando-lhes uma tonalidade mais clara ou mais clara de castanho.

Aparência: Castanho-negro, Topázio, Ágata Topázio. ÔNIX

CANÁRIO

Nesta mutação autossómica recessiva, ocorre o contrário do que acontece nas outras mutações vistas anteriormente, que diluem as melaninas, aqui a mutação escurece-as todas, dando tons muito diferentes consoante o fenótipo presente, tornando evidente uma concentração de Eumelaninas desde a parte inferior do pescoço até à cabeça do espécime.

CANÁRIOS CANTORES

Existem três tipos de canários cantores: o Harzer Soller, o Malinois e o Timbrado. Estas três espécies diferem principalmente nas suas diferentes qualidades de canto.

A particularidade destes canários reside no facto de não lhes ser exigido que sejam bonitos na forma, cor, tamanho, padrão, etc. Porque o seu único mérito reside no seu canto, na sua melodia, nas notas que emitem, que devem estar de acordo com um padrão correto.

Nas exposições, o seu julgamento é efectuado num ambiente exterior à azáfama da exposição, porque qualquer som ou ruído e sobretudo o canto das outras aves expostas prejudicaria a nitidez e a flutuação das notas e a clareza dos timbres exigidos a estas aves no concurso.

A linha de seleção seguida na Harzer permitiu obter caraterísticas de canário inigualáveis por qualquer outro canário.

Nenhum canário com canto requer cuidados especiais em matéria de alimentação ou de criação que o distingam dos canários de cor, mas só os criadores experientes são capazes de racionalizar e programar a postura de modo a estabelecer linhas de bons cantores.

É difícil e complexo enunciar aqui as caraterísticas que devem possuir, mas, para se ter uma ideia, pense-se, por exemplo, nos sons e ruídos que os machos devem fazer na presença dos juízes e que devem assemelhar-se a rolos profundos, rolos encadeados, ruídos de água, sons de toques profundos, notas de flauta, sons de arrulhos, sons de cacarejos, etc.

AQUISIÇÃO

Ao comprar o seu primeiro par de canários cantores, o criador principiante deve <u>sempre</u> procurar o conselho de um criador experiente, pois só um ouvido treinado é capaz de avaliar a qualidade do canto.

FORMAÇÃO

A primeira coisa é ter um local adequado para o treino, sem nada que distraia o canário, longe das fêmeas e de outras aves. O local deve ter luz artificial.

O canário canoro é treinado em armários de madeira com 22 polegadas de comprimento, 20 polegadas de altura e 7 polegadas de largura, terá duas portas e será dividido em 4 departamentos iguais de 11 polegadas de comprimento, 8,5 polegadas de altura e 6,5 polegadas de largura, divididos por uma tábua em forma de cruz. As gaiolas no interior do armário têm 8,5 polegadas de comprimento, 8 polegadas de altura e 6 polegadas de largura.

Os canários cantores iniciam a sua aprendizagem após a muda, que ocorre aos 7 meses ou mais após o nascimento.

Os treinos começam em setembro para competir em dezembro.

A colocação dos machos será feita ao lado um do outro, se forem irmãos, e depois o parente mais afastado: isto resulta na dominância de traços familiares hereditários no treino.

Desta forma, são formados os conjuntos para futuras avaliações e exposições.

Os pintos que já estão nas gaiolas com água e comida são aí mantidos durante 3 a 4 dias, sempre com luz artificial, após 8 a 10 dias podem ser colocados nos armários.

Os criadores sentam-se diariamente em frente dos seus favoritos e observam a evolução do canto, analisando as horas do dia em que os pintainhos são mais propensos a cantar e eliminando aqueles que, na sua opinião, não reúnem as caraterísticas de canto exigidas. Os melhores são escolhidos e começa com eles a fase de escurecimento, que deve ser progressiva. Esta operação é efectuada após 8 a 10 dias, quando os canários já sabem onde se encontra a água e a comida.

Primeiro, as gaiolas são escurecidas fechando as portas dos armários e, após cerca de 3 semanas, a sala é escurecida durante duas horas de manhã e duas horas à tarde.

As 4 tarefas básicas a emitir são: Hahlrolle, Knorre, Hahl Kingler e Pfiefe.

Deve ter-se em conta que um escurecimento demasiado intenso inibe o desenvolvimento do canto; o grau correto é quando o coro dos pintos está completamente desenvolvido ao abrir o armário do canto.

Após esta fase, são colocados numa mesa, uma gaiola em cima da outra, e são escutados 3 vezes por dia, durante 15 a 20 minutos, sempre com luz artificial. São classificados e colocados em gaiolas com os números 1, 2, 3 e 4.

Por fim, colocar na gaiola 1 (canário de cabeça, melhor Hahlrolle e Pfiefe) e na gaiola 4 (canário de mesa, melhor Knorre, baixo).

EXÓTICO

De entre a grande variedade de espécies consideradas exóticas no nosso meio, apenas detalharemos algumas das que os principiantes mais frequentemente utilizam.

Só nesta primeira página é que se menciona o nome comum (para ajudar a identificar de qual deles se está a falar quando alguém usa esse nome).
Mas, a partir de agora, utilizaremos apenas a nomenclatura oficial para que se possa adaptar a ela.

Nome oficial	Nome científico	Nome comum
Pardal do Japão	*Lonchura striata*	isabelitas
Diamante mandarim	*Poephila guttata*	zebritas
Diamantes Gouldianos	*Poephila gouldiae*	senhora gould
Babetes	Diamantes de cauda longa	babetes
Paddas	Pardal de Java	Húngaros
Pardal	Emblema guttata	guttata

Mas há outros exóticos como:

strildas	frugívoros	avifauna americana
munias	euplectos	híbridos
granadinas	pardal doméstico	outros diamantes
eritruras	aves selvagens	outros exóticos

CARACTERÍSTICAS GERAIS PARDAL JAPONÊS (ISABELITAS)

Em Cuba são conhecidas como Isabelitas, mas em muitos livros aparecem como "Capuchino Japonés". São aves pequenas, de cor carmim, branca e mosqueada. Originalmente, existia apenas a variedade castanha escura e a castanha clara manchada. Atualmente, existe uma série de mutações como o castanho escuro com barriga branca, o amarelo, o branco e o avermelhado.

PARDAL DE JAVA (HÚNGARO)

Embora no nosso país sejam conhecidos como húngaros, em muitos outros países são chamados de pardais de Java. O seu tamanho médio é de 14 cm. O seu bico é um pouco curvo e grosso, mas afilado na extremidade e de cor vermelha a rosada. O corpo é cinzento-aço. A cabeça é preta na face dorsal. As bochechas são brancas. A parte ventral é carmelita a violeta claro, tornando-se quase branca na região anal. Os olhos são escuros com um anel avermelhado à volta. A cauda é preta e as patas são cor-de-rosa.

O DIAMANTE DE LADY GOULD (LADY GOULD)

Os Diamantes de Gould são pequenas aves de bico reto, em que a natureza transbordou de cor e beleza. Quando observados, dão a impressão de terem sido pintados à mão devido às suas cores bem definidas. O seu nome deve-se à cor da cabeça, do peito e do dorso.

DIAMANTES DE CAUDA LONGA (BIBS)

Embora em Cuba sejam conhecidos como Baberos, em muitos livros aparecem como Diamantes de cola larga. As suas caraterísticas são: Plumagem dorsal cinzenta escura, com ventre cinzento claro. O bico é fino, alongado e vermelho. O pescoço tem um babete preto na parte ventral (daí o nome). A cauda é preta, terminando numa longa pena central.

DIAMANTE MANDARIM (ZEBRITAS)

Embora em Cuba sejam conhecidas como Cebritas, a POEPHILA GUTTATA é mencionada noutros livros como Diamante manchado ou DIAMANTE MANDARIN. O bico é de cor vermelho-alaranjado. A cabeça do macho tem uma pequena faixa preta demarcada, as bochechas são alaranjadas, a fêmea tem apenas uma pequena faixa preta. Foram criadas as mutações branca, prateada, mosqueada, de peito preto e outras.

PARDAL (GUTTATAS)

O Emblema Guttata é muitas vezes chamado simplesmente de Guttata, mas este é um mau hábito, pois existem outros Guttata como o Pheophila Guttata (conhecido em Cuba como Cebrita) e isso tende a confundir as pessoas. Noutras latitudes é chamada de Diamante-malhado ou Diamante-cauda-de-fogo. O seu tamanho é de cerca de 12 cm. A cabeça é cinzenta e o bico é vermelho, com uma faixa preta desde os olhos até ao bico. Os olhos são pretos com um anel vermelho-alaranjado à volta. O pescoço cinzento é separado da parte ventral branca por uma faixa preta que se estende até à cauda, que é manchada de branco. O dorso pode ser carmesim claro e a cauda é preta.

PECULIARIDADES DE ALGUNS PARDAIS JAPONESES EXÓTICOS

(*Lonchura striata* doméstica) Pertence à família Estrildidae.

Em Cuba são conhecidas como Isabelitas, uma das aves mais antigas do Japão. São aves pequenas, com cerca de 11 cm de comprimento e 17 g de peso, de cor carmim, branca e mosqueada. Os seus ninhos e outras caraterísticas são semelhantes aos de todos os passeriformes, e distinguem-se por serem muito bons reprodutores, razão pela qual <u>são frequentemente utilizados como NODRIZES</u>, geralmente 3 pares deles para cada par de outro exótico.

Não devem reproduzir-se mais de 4 vezes por ano, deixando-os descansar o resto do tempo.

Põem em média 5 a 7 ovos em dias sucessivos e nas primeiras horas da manhã. A incubação dura cerca de 14 dias, com os progenitores alternando durante o dia e juntos durante a noite. Aos 20 dias, as crias abandonam o ninho, embora sejam alimentadas pelos pais durante mais 15 dias. Após este período, devem ser separados, pois têm tendência a dormir ao lado dos pais, o que dificulta a nidificação. As fêmeas estão aptas a reproduzir-se a partir dos 6 meses de idade.

Limpam-se com os seus bicos, pelo que devem ter uma vela (bebedouro) para beber água e evitar que esta fique suja.

Os pardais japoneses são tão sociáveis entre si que dormem todos juntos no mesmo ninho e dão-se bem com outras pequenas aves.

No entanto, como se tornam belicosos à mínima agressão, devem ser mantidos em gaiolas individuais.

Originalmente, havia apenas a variedade castanha escura e a castanha clara malhada. Atualmente, existe uma série de mutações, como o castanho-escuro com barriga branca, o amarelo, o branco e o avermelhado. O resto das suas caraterísticas são semelhantes às observadas em todos os passeriformes.

PARDAL DE JAVA (PADDA)

Pertence à família Estrildidae.

Embora no nosso país sejam conhecidos como húngaros, o seu nome é pardal de Java. É originário da Indonésia.

O seu tamanho médio é de 14 cm e pesa cerca de 30 g. O seu bico é um pouco curvo e grosso, mas afilado na extremidade, de cor vermelha a rosada. O bico é um pouco curvo e grosso, mas afunilado na extremidade, de cor vermelha a rosada. O corpo é cinzento-aço. As bochechas são brancas, a parte ventral é carmim a violeta claro, tornando-se quase branca na região anal.

Olhos escuros com um anel avermelhado à volta.

A cauda é preta e as pernas são cor-de-rosa. As mutações incluem: O branco. A mosqueada e a carmelita, entre outras.

A diferenciação sexual é difícil, embora no macho as tonalidades sejam mais fortes.

A fêmea põe entre 4 e 6 ovos, a incubação dura cerca de 14 dias e, após 4 semanas, os ovos abandonam o ninho, mas continuam a ser alimentados pelos pais durante mais 2 semanas, altura em que devem ser desmamados.

O resto das suas caraterísticas são semelhantes às observadas em todos os passeriformes.

DIAMANTE GOULDIANO

Os Diamantes de Gould, nativos do Norte da Austrália, são aves pequenas e frágeis que nos deixam maravilhados com a sua maravilhosa beleza, as suas cores são tão variadas, uniformes e delimitadas, que parecem ter sido desenhadas com um pincel pela natureza, mas como não são tão bons reprodutores como os pardais do Japão (que, sem a beleza exuberante dos primeiros) são no entanto excelentes mães, são estes que são usados como amas-de-leite para levar a cabo a reprodução dos Diamantes de Gould.

Para começar a criar Gouldian Diamonds, bastam alguns casais se tivermos em conta as caraterísticas da sua transmissão hereditária, de modo que se pode facilmente obter uma grande variedade utilizando 4 ou 5 pares de amas-de-leite para cada par de Lady.

Antes de começar com as diferentes variedades, devemos salientar que os diamantes de Gould são uma das raras espécies em que o "selvagem" é representado por três tipos de indivíduos, os de cabeça vermelha, os de cabeça preta e os de cabeça laranja, que vivem mais ou menos misturados e se cruzam sem dificuldade entre eles para dar indivíduos dos três tipos, embora os de cabeça laranja, sendo de carácter autossómico recessivo, desapareçam rapidamente da população quando em livre acasalamento com os de cabeça vermelha ou preta, que são transmitidos com um carácter dominante.

A variedade de cabeça preta foi descoberta pela primeira vez, enquanto que a variedade de cabeça vermelha foi descoberta mais tarde por John Gould, que está de facto registado na história como o descobridor do Diamante de Gould.
PLUMAGEM JUVENIL
Na altura da independência, os Diamantes de Gould apresentam uma plumagem bastante baça, sem brilho, sem cor e sem brilho.
A muda juvenil ocorre no primeiro ano, geralmente aos dois meses e meio, e dura três meses, dando às crias uma plumagem bastante neutra que será precedida pela muda adulta, um ano mais tarde, que dará a bela plumagem definitiva.

THE GOULD DIAMOND CLASSIC (Selvagem)

A variedade "selvagem" ou "de base" é representada (repetimos) por três tipos de indivíduos, os ruivos, os pretos e os laranjas, que vivem mais ou menos misturados e se cruzam sem dificuldade entre eles para dar indivíduos dos três tipos, embora os laranjas, sendo de carácter autossómico recessivo, desapareçam rapidamente da população, estando em livre acasalamento com os ruivos ou pretos, que são transmitidos com um carácter dominante.
O chamado clássico do espetáculo tem as seguintes caraterísticas.
Cabeça vermelha ou preta, peito lilás e bico manchado de vermelho.

COR DA CABEÇA EM DIAMANTES GOULDIANOS

Várias mutações podem modificar as cores de forma a poderem ser obtidas:

Por modificação dos carotenóides, o diamante de Gould tem cabeça vermelha, laranja ou amarela.

Por mutação da melanina, o diamante de Gould tem cabeça cinzenta ou branca e castanha, esta última chamada "Canela", mas muito rara.

Rapidamente se verificou que a cor vermelha da cabeça predominava sobre o preto,

Uma vez que, independentemente da cor da cabeça, todos têm um bico vermelho, é indiscutível que estes genes (cor da cabeça e bico) não estão ligados.

Mas também foi demonstrado que **são necessárias duas condições para que a cor vermelha se exprima**:

- Que um fator impede a deposição de melanina negra.
- Que outro fator permite a deposição de carotenóides.

Estes elementos devem ser tidos em conta quando se pretende manter ou conservar o Diamante de Gould de cabeça laranja ou amarela.

Um Diamante de Gould de cabeça preta pode ter cabeça laranja <u>mas não pode ter cabeça laranja</u>. Para ser uma ave de cabeça laranja, tem de ter um fator vermelho e um fator laranja (presença de uma máscara colorida para estes factores) e este Diamante de Gould é necessariamente ruivo. Um Diamante de Gould que tem dois factores laranja é necessariamente manchado de laranja. A sua cabeça será laranja se tiver um fator vermelho e preta se não tiver, neste último caso é chamado um Diamante de Gould com cabeça preta e bico laranja.

PARROW (GUTTATAS).

(Emblema Guttata).

Pertence à família Estrildidae.

No nosso meio têm sido chamadas simplesmente de Guttatas, mas este é um mau hábito, pois existem outras Guttatas como *a Poephila guttata* (conhecida em Cuba como Cebrita) e isso tende a confundir.

Noutras latitudes é chamado de Diamante malhado ou também de Diamante de cauda de fogo, é uma ave muito resistente e elegante, o que a torna um verdadeiro adorno em qualquer aviário.

- Foram criados em instituições de acolhimento na primeira metade do século XIX.
- O seu tamanho é de cerca de 12 cm.
- A cabeça é cinzenta e o bico é vermelho.
- Apresenta uma faixa preta desde os olhos até ao bico.
- Os olhos são pretos com um anel vermelho-alaranjado à volta.
- O pescoço cinzento é separado da parte ventral branca por uma faixa preta que se estende até à cauda, que é <u>manchada de branco.</u>
- O dorso pode ser carmesim claro. A cauda é preta.
- A fêmea põe entre 4 e 6 ovos, que incuba durante 15 dias e 25 dias depois as crias abandonam o ninho.
- Por vezes é necessário recorrer a amas-de-leite para produzir descendentes.
- O resto das suas caraterísticas são semelhantes às observadas em todos os passeriformes.

BIBLIOGRAFIA.

1. Álvarez González, Viviana. 1994. En compañía de las aves ornamentales, Editorial Científico Técnica. Havana.

2. Álvarez Olivar, Esperanza. 1989. Periquitos da Austrália, panfleto.

3. Sociedade Americana de Budgerigar. 1995. An handbook for the novice breeder.

4. Blanco Castro, Enrique, El canario opalino, p. 19 Rev. Cuba Ornitológica, 2000,

5. Brunelli, Ricardo. 1996. El gran libro ilustrado de los canarios, Editorial de Vecchi.

6. Castillo Chang, Miguel, El doble fator intenso en los canarios p,6-7 Rev. Cuba Ornitológica ano 2 No 4, 2003

7. Chirino Pedraza, Roberto. 1991. Reproducción y alimentación del periquito, (brochura).

8. Del Pino Luengo, Miguel. 1976. El periquito, Editorial Aedos.

9. Domefauna. 1993. Periquitos, equipa de especialistas, Editora de Vecchi.

10. Elisabetta Gismondi. 2002. Cocorite, Editorial de Vecchi.

11. Fragose Rosario, Beatriz, Manejo y alimentación de las aves, pag. 8-9 Rev. Cuba Ornitológica Ano 1 No. 2, 2002

12. Gismondi, Elisabetta. 1999. O grande livro ilustrado dos papagaios. Editorial de Vecchi.

13. Gismondi Elisabetta. 1995. Guia completo dos canários de cor. Editorial de Vecchi.

14. Halaburda, T. 2001. Agapornis, ver y conocer, Editorial hispano europea.

15. Hernández Muñoz, Abel. 2000. Las Aves y tú. Editorial Científico-Técnica. Havana, 81 pp.

16. Hernández Ponce, Casimiro, El canario de canto, su entrenamiento, p, 28

- 29 Rev. Cuba Ornitológica ano 2 No 4, 2003

17. Jacd C., Harris. 1999. Carolinas, Editora Hispano-Europeia.

18. Minguez Mireia. 1994. Los canarios, Editorial de Vecchi.

19. Noel Betancourt. 2000. Coleção El criador (brochuras).

20. Pérez Beato, Octavio. 1987. Genética da cor no canário. Editorial Científico Técnica. Havana.

21. Rodríguez Guzmán, Manuel, El diamante de Gould y sus

mutaciones. Não publicado

22. Rosemary, Low. 1996. Loros y afines, Editorial Omega. Barcelona.

23. Rutgers, A. 1995. Periquitos de cor.

24. Silva Batista, Shirley, Diamante de Gould, desafios e experiências Pag. 18- 19 Rev. Cuba Ornitológica Ano 1 No.1, 2001

25. Silva Castillo, Manuel. 1999. Expectativas hereditárias em pombinhos, Editorial Sanlope.

26. Soto, Lucas. 1955. El canario y demás aves canoras, Editorial Sintes.

27. Stanislav, Chvapil. 1992. Aves de jaula, Editorial Susaeta.

28. Streeter. Ray. 1994. O meu periquito. Editorial hispanoeuropea.

29. Uribe, F. 1993. Como criar aves exóticas. Editorial de Vecchi.

30. Vins, Theo. 1996. Periquitos, Editorial Omega.

31. Vriends, Mathew M. 1988. Guía de las aves de jaula, Editorial Grijalbo.

Printed by Books on Demand GmbH, Norderstedt / Germany